KURASHI NO TECHO

那些美丽的事物

［日］日本生活手帖社 编

何姵仪 译

北京日报出版社

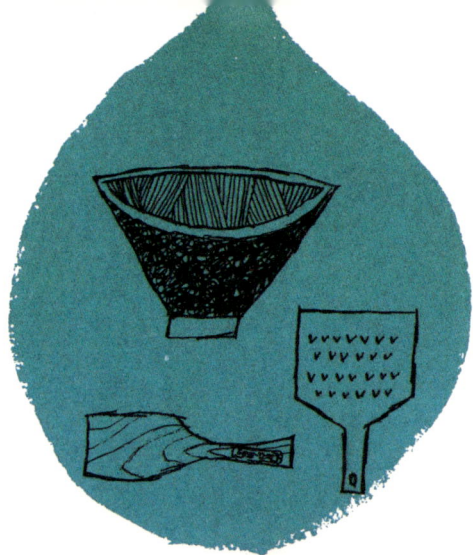

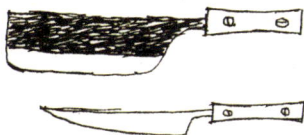

QUICK COOK

COFFEE & TEA

TUESDAY

WINE
&
CIDER

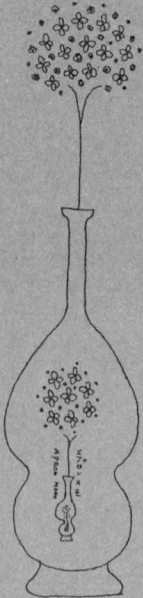

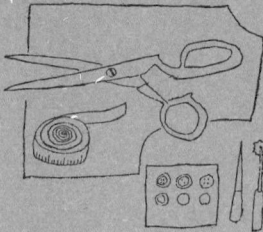
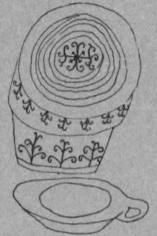

那些美丽的事物

——花森安治的生活美学

前 言

为了打造珍惜"理所当然的生活"的世界，花森安治在战争一结束就创办了《生活手帖》。身为总编辑的他写的每一篇文章，都饱含了"重建遭受战争摧毁的生活"这个心愿。另外，他还是一位从封面、插图到版面设计一手包办的艺术家。"这里放一张图会更好。"读完原稿之后，花森不需要参考任何数据，就能随手添上插图，使整个版面熠熠生辉，充满现代感，时而轻松愉悦，时而借古讽今，显得格外夺目。

本书收录了500多幅花森绘制的装饰版面的插图，还附有谈论生活美学的心得，类别横跨随笔、烹饪、手工艺与时尚，相当多元丰富。就如同他对同人所说的："融入日常生活的美，才是名副其实的美。"他笔下的插图，题材大多来自身边熟悉的物品。重视生活的花森，透过充满慈爱的观察之眼，挖掘出身边物品之美，并将之一一画成书中收录的这些小小图画。此外，书中还加入了花森在追求"名副其实的美"时曾经说过的珠玉短语。

在此献上这些永不过时的插画，以及花森对于"美丽生活"的想法。

无论身处哪个时代，

美丽的事物

总与金钱或时间无关。

唯有敏锐的感知、

专注于日常生活的真诚眼光，

以及不断努力的勤奋双手，

才能时时创造出最美的事物。

（《自己做首饰》，《生活手帖》1 世纪 1 号，1948 年）

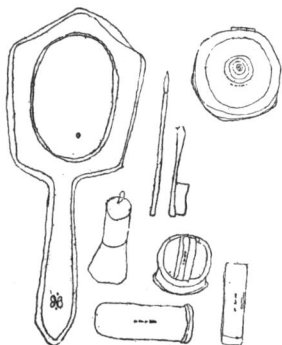

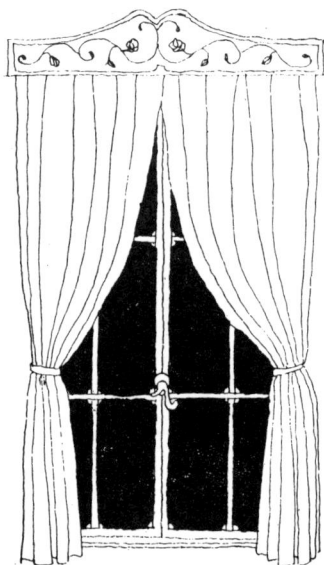

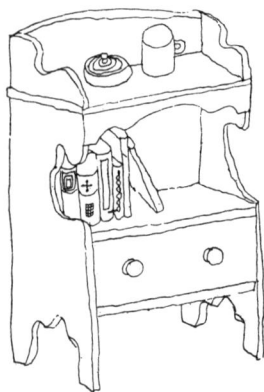

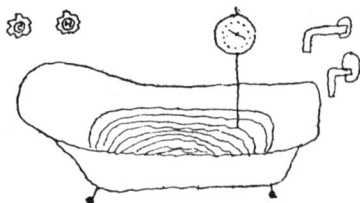

La couturière
RANVIN

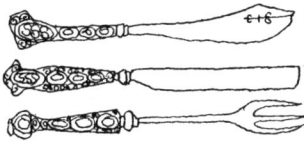

R. STUVWXYZABC & CO

独具慧眼、懂得鉴赏美丽事物的人，
是随时都能让自己的生活恰如其分、
如实而美丽的幸福人儿。

（《美丽事物与无价之宝》，《服饰读本》, 1950 年 ）

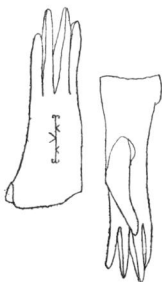

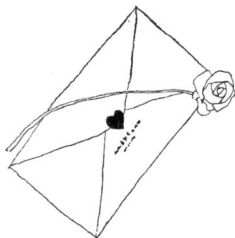

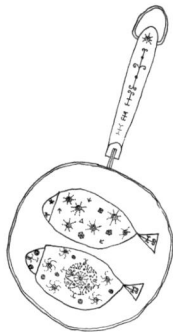

倘若全世界的国家，都能放下所有武器，

将这笔钱用在他处，

我们的生活一定会更加美好，更加光明。

（《丢掉武器吧》,《一戈五厘的旗帜》, 1968 年）

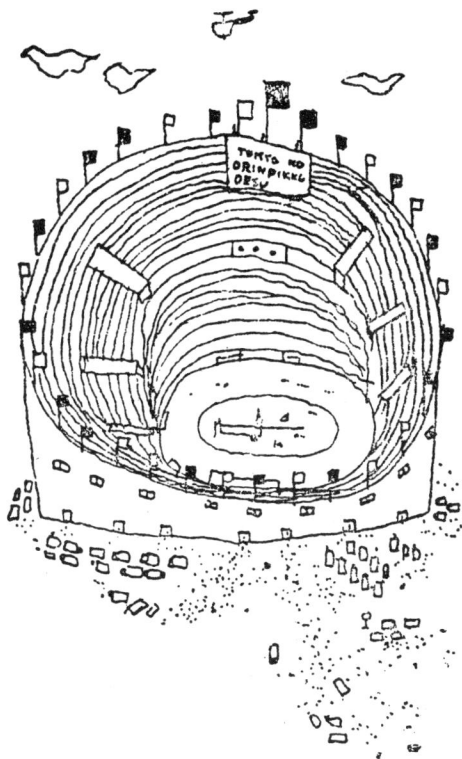

认真考虑什么样的事情

能让我们每天的生活

过得开心一些、愉快一点，

才是真正的"时髦"。

（《style book》夏季号，1946 年）

015

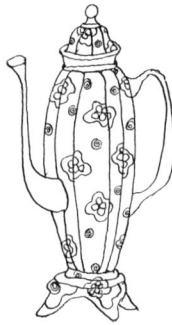
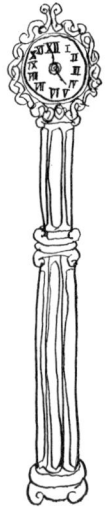
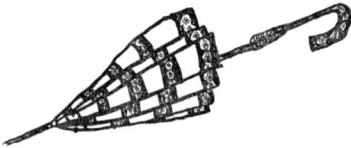

一点点的小小巧思，

就能创造出，

无限喜悦

与满心愉悦。

（《生活手帖》2 世纪 28 号, 1974 年）

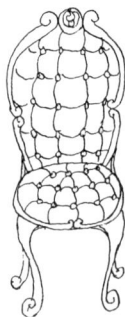

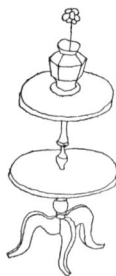

DAS
KAPIT
AL

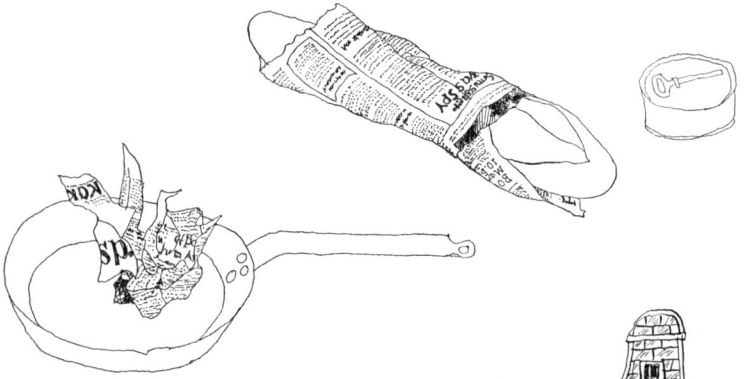

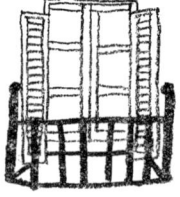

MAGI
COMP

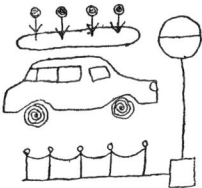

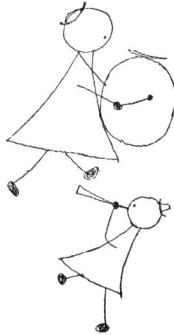

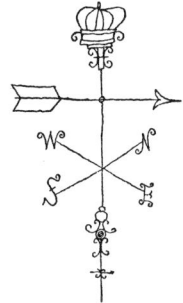

无论男女，只要活着，

就会对美有所期盼，

这是人的本能。

而所谓的美，

不管是对于内在还是外在，

都是一种幸福。

既然如此，

就不要羞于渴望幸福。

（《给年轻人》，《Soleil》第 10 期，1949 年）

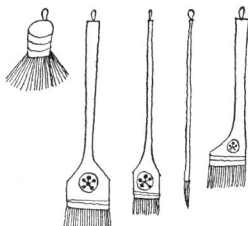

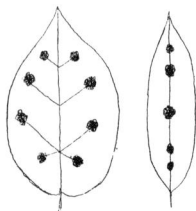

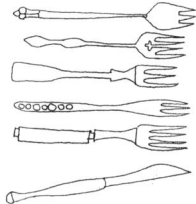

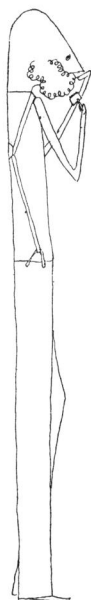

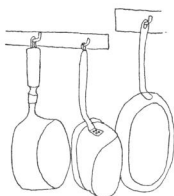

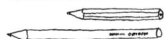

LESSON
I

SPRING

Spring has
come.
Everyth-
ing bright
and fresh.

我们需要的，是美。

（《那些美丽的事物》,《一戈五厘的旗帜》, 1968 年）

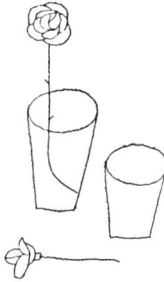

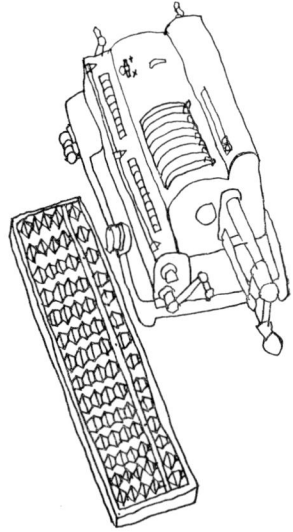

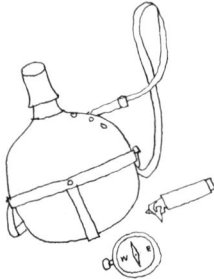

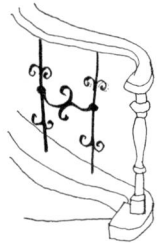

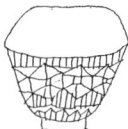

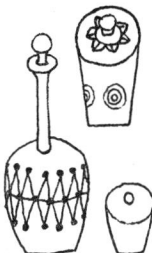

无论心情有多凄惨，

都要心怀谨慎，勿失一颗爱美的心。

正因生活悲愁，

就更需要为爱美的心点上一盏洁净明灯。

（《style book》夏季号，1946 年）

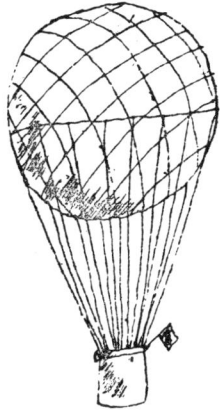

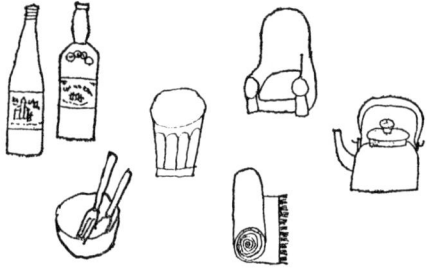

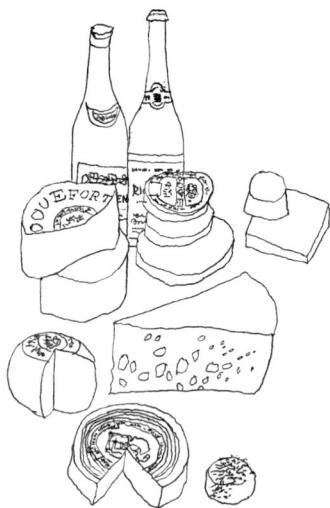

不管是谁，

只要认真看待自己的生活，

就一定会想要过得稍微再快乐一些，

稍微再精彩一些。

我们想告诉大家，

为了得到更好、更美的东西，

所付出的努力与功夫，

就是时髦的标准定义。

我们想告诉大家，

这些正是为我们开创明日世界的力量。

（《style book》夏季号，1946 年）

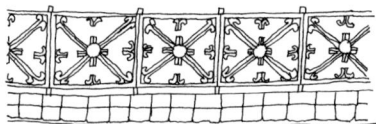

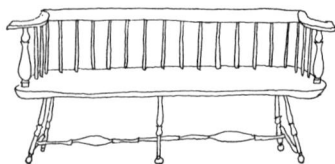

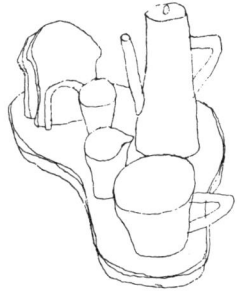
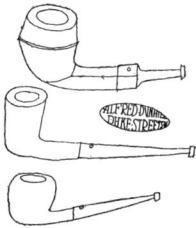
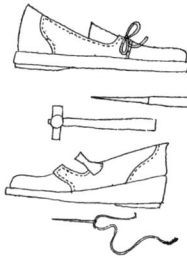

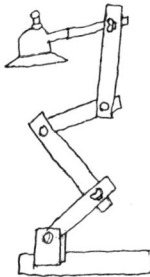

《生活手帖》从第一期到第一百期，都是我亲自去采访、拍照、撰稿、排版、绘制插图与校稿。对于身为编辑的我来说，这是胜过一切的生存价值，是喜悦无比、引以为傲的事。

即便是大量生产的时代、信息产业的时代、计算机的时代，但我认为制作杂志这件事，终归是一项"手工业"。若非如此，我做不下去。

说得更精确一点，我认为编辑这份工作，其实是讲求"工匠"般的才能的。

因此，我希望自己能够忠于编辑一职，至死方休。在那一刻到来之前，我会不断地采访拍照、撰稿写作，让那支校正的笔染红我的手指，让我无愧于编辑这一现职。

（《编辑手帖》，《生活手帖》1 世纪 1 号，1969 年）

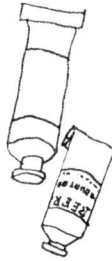

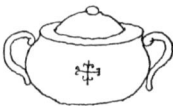

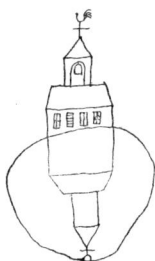

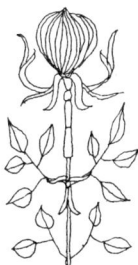
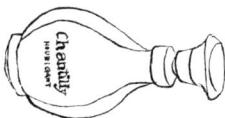

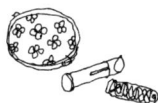

每日的晨昏，

绝非划破夜空的璀璨烟火般，

绚丽短暂、转瞬即逝；

而是若隐若现、永不熄灭，

看似朴实无华，

却一分一秒缓缓燃烧的微微烛光……

(《后记》，《生活手帖》1世纪5号，1949年)

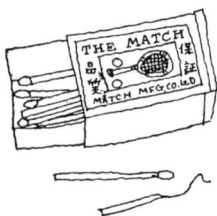

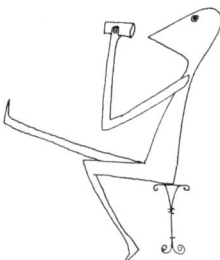

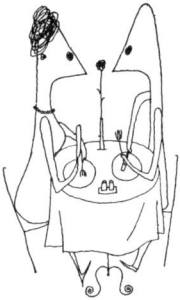

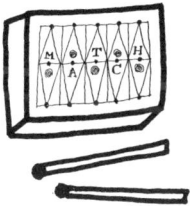

我希望能拥有

无论是好是坏

都不模仿他人的心灵洁癖。

这或许需要勇气，

这样的话，

我希望拥有如此勇气。

《给年轻人》，《Soleil》第 10 期，1949 年）

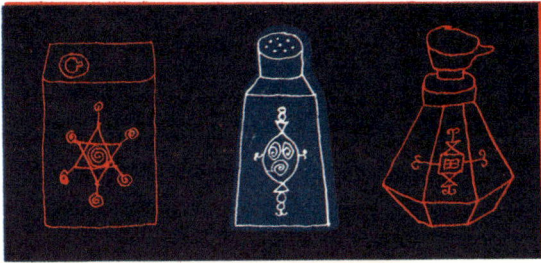

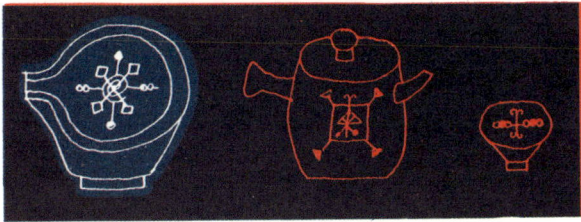

047

BLOUSE,

I LOVE YOU

36

35

37

38

39

フ
柄
如
紅
各

41

我喜欢"生活"这个词，因为它很美。凝视着那张折了又折、皱痕累累、满是污垢的千元纸钞时，我脑海里就会浮现无数人的手指，将这张纸钞折折叠叠、舒展压平的景象。回荡在耳边的，是开怀的笑声与无奈的叹息。轻搔鼻头的，是昏暗灯光下热气腾腾的食物香气，还有蔚蓝天空下那缓缓弥漫的肥皂香。"生活"这个词，就是这样，充满了微微温煦与淡淡的感伤。

《编辑手帖》,《生活手帖》1世纪71号，1963年）

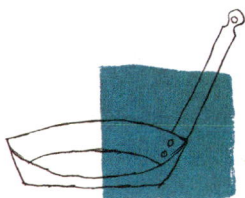

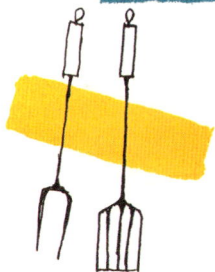

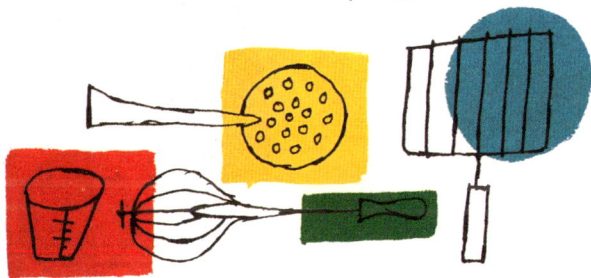

路上的寒气刺骨，冷风阵阵逼人。

明明是冬天，

但一屏气凝神，

却发现春天已化为一丝微弱的甜美气息，

从空气的缝隙之中悄悄钻出，轻触那颗等待的心。

突如其来的青春让人多愁善感，

寂寞苦涩，却又喧嚣吵闹。

蓦然回首，时光转瞬即逝，

只在渐行渐远的漫长岁月中，

徒留遗憾与欣羡。

(《早春与青春》，《生活手帖》2 世纪 52 号，1978 年)

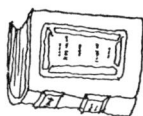
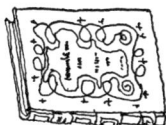

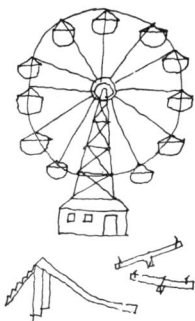
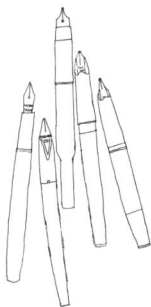

很久很久以前，璀璨星夜之下，
有位善良的仙女住在某个角落。
她看见辛德瑞拉独自一人偷偷哭泣，
于是挥动魔法棒，轻轻一点，
将破旧肮脏的衣服变成了闪亮华美的礼服。

在你心中，想必也有一位仙女住在里头，
那美丽的指尖一定就是魔法棒。
虽然你不会像辛德瑞拉那样悲伤叹息。
不过，只要手上有两三块旧布，
你也能随时创造出美丽的衣裳。
色彩渐褪的小片织物、无人理睬的布料碎屑，
只要碰到你那轻柔的指尖，
就会像辛德瑞拉的华服般光彩夺目。

脸上总是绽放笑容的善良仙女呀，

只有你才知道真正的时髦为何，

只有你才知道真正的生活方式。

（《春天到初夏》，《style book》，1947 年）

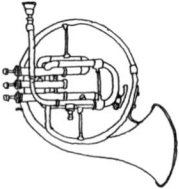

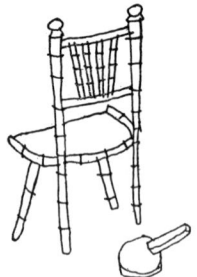

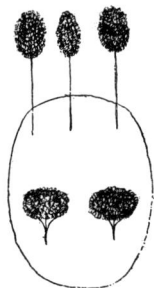
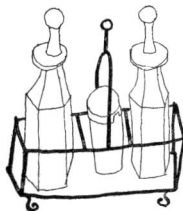

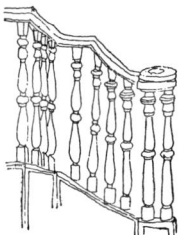

抛下理论与金钱，

坦率地将赏心悦目的事物视为美，

我想拥有这样的感知力。

《美丽的事物》,《一戈五厘的旗帜》, 1968 年)

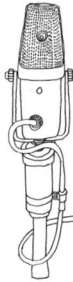

看到樱花，人人赞美。

但也不是没有人

仅是轻轻一瞥，

就在心中认定这份美。

（《那些美丽的事物》,《一戈五厘的旗帜》, 1968 年）

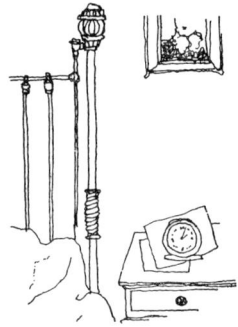

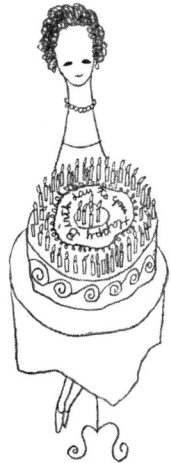

花，可以舒缓观者思绪，

让房间更加明亮。

从前，就算家里没有花，

庭院里也会有绿树，有青草，

只要季节到来，庭院就会盛开花朵。

只要走出户外，就会看见清澈蓝天，

树木郁郁，绿叶葱葱。

然而现在却消失匿迹，无处可寻。

最起码，家中要有花，有绿叶。

（《那些美丽的事物》，《一戈五厘的旗帜》，1968 年）

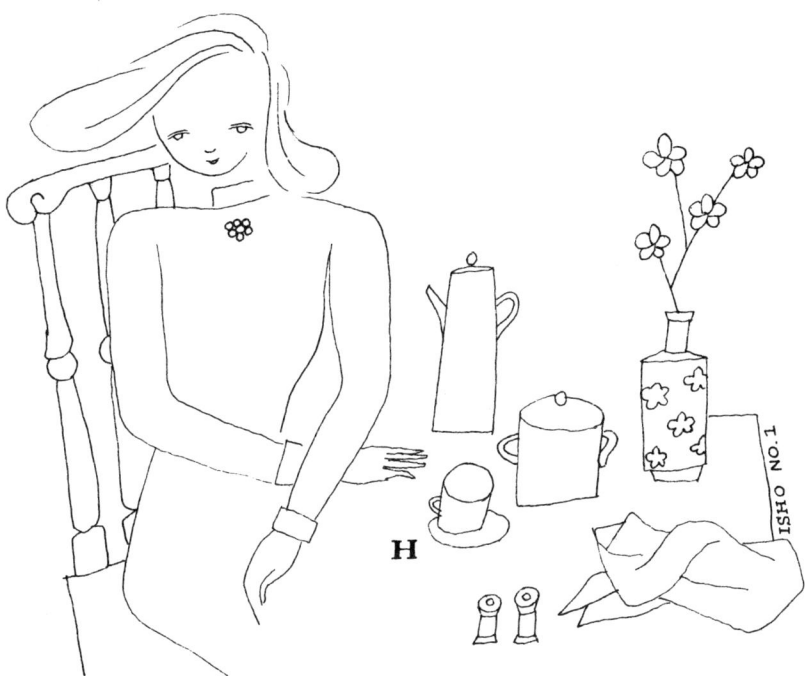

H

ISHO NO.1

融入日常生活的美，
才是名副其实的美。

（编辑会议记录）

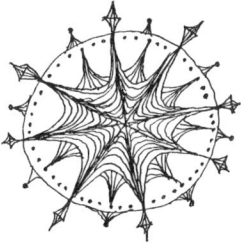
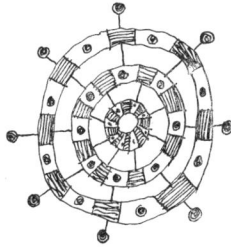

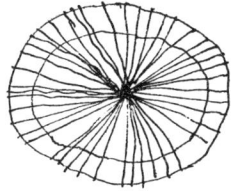

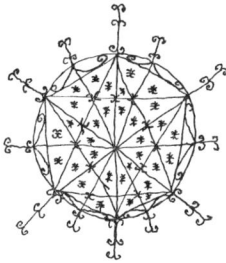
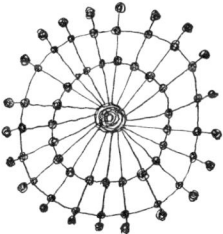

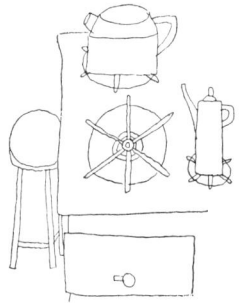
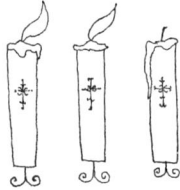

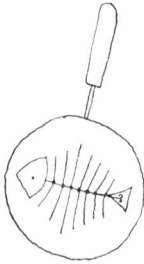

meunière

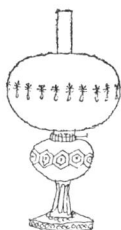

你，穿什么都可以哦。

或许是因为太过理所当然、人尽皆
知，才会连宪法都忘记加上这一
条。所有人，不管住什么样的房
子、吃什么样的东西、穿什么样的
衣服都可以。这就是自由的市民。

（《井鼠色的年轻人》,《一戈五厘的旗帜》, 1967 年 ）

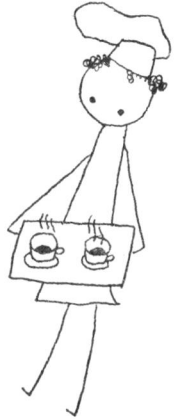

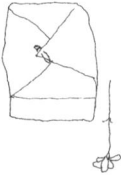

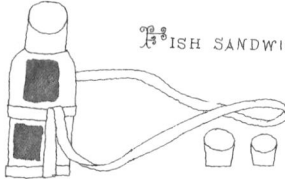

FISH SANDWICH

JAM

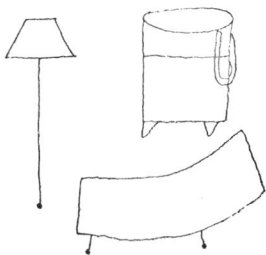
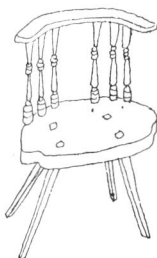

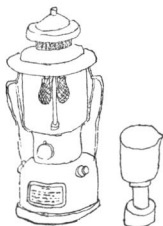

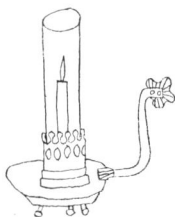

地球上的所有国家、所有民族、所有人类，

非得要全数毁灭、无人幸存为止，

才会甘愿丢掉武器。

但是，我们并不觉得人类是那样愚蠢至极。

因为我，对人类深信不疑。

因为我，不会对人类绝望。

（《丢掉武器吧》,《一戈五厘的旗帜》, 1968 年 ）

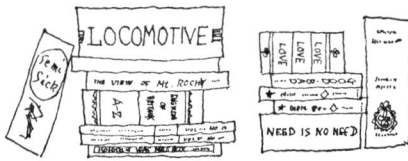

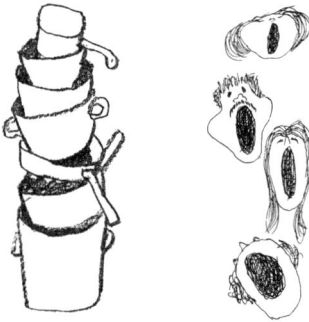

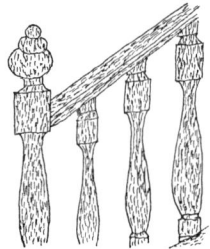

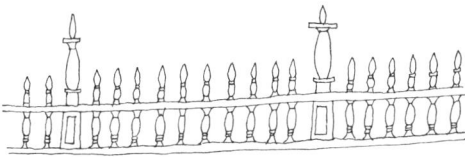

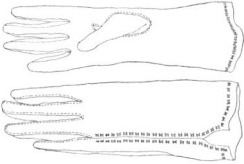

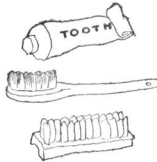

TOILET

活得像个人这件事，并不是想做什么，就可以恣意妄为。不想做的事情，若是非做不可，还是得咬牙一忍，坚持到底。若是因为无法如此一不顺心就想撒娇耍赖的话，恐怕无法称得上是活得像个人。

（《世界不是为了你》，《一戈五厘的旗帜》，1968 年）

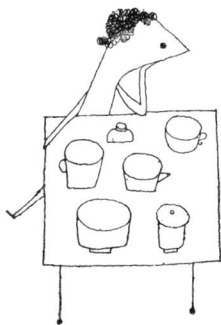

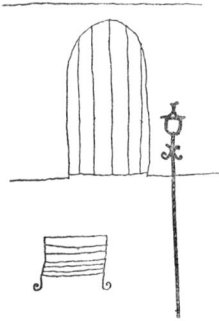
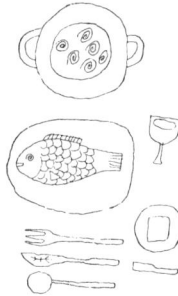

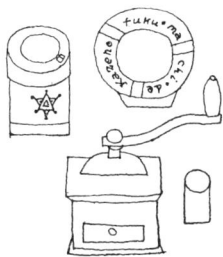

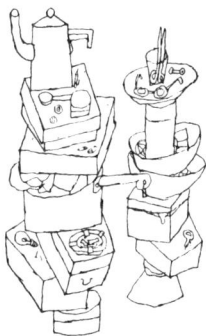

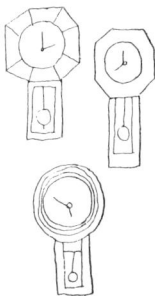

为彼此好好活下去，

就好比在狂风大作的日子，屏气凝息，

朝着风起的方向前行，

迎面而来的，是必须豁出性命的每个日升日落。

但是，在这样的日子里，

最起码要点上一盏

小小的、发出微微光芒的灯……

制作本书时，让我一直挂念在心的，正是此事。

《后记》,《生活手帖》1 世纪 1 号，1948 年）

全身装扮得宜的首要条件，就是切勿过度打扮。搭配得体，并不需要散尽家财。艳妆炫服、张扬夸耀，应该是想要羡煞旁人，使人惊叹吧。但是这么做，根本就是在坦承自己对于金钱充满崇拜，将之奉为至宝。

（《勿过度装扮》，《服饰读本》，1950 年）

3

4

きものB

091

60

61

62

63

M

N

65

64

67

66

57

58

59

K

G

想要磨炼在生活之中
对于美的感受,

就势必要从平时开始，

　　接触美丽的事物。

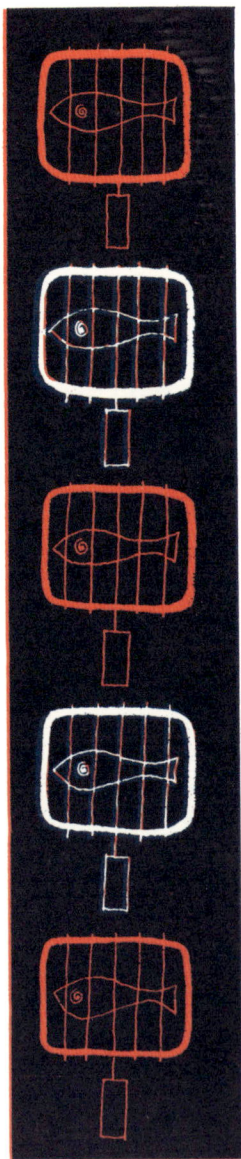

不知从何时开始，

一回神，

"清晨"已从我们的生活之中

渐渐烟消云散。

揭开一天序幕的清爽拂晓，

大家神采奕奕地碰面的

那活力洋溢的早晨。

灿烂阳光洒落，

晨雾缓缓升起，

声音开朗回响着。

啊——清晨！

勿让"清晨"消逝，

勿让那日日到来的清晨

从手中，从心中消失。

无论何时，都要拥有清爽的早晨，

无论何时，都要保有明亮的晨光。

（《清晨啊，绽放光芒吧》,《生活手帖》1 世纪 74 号，1964 年）

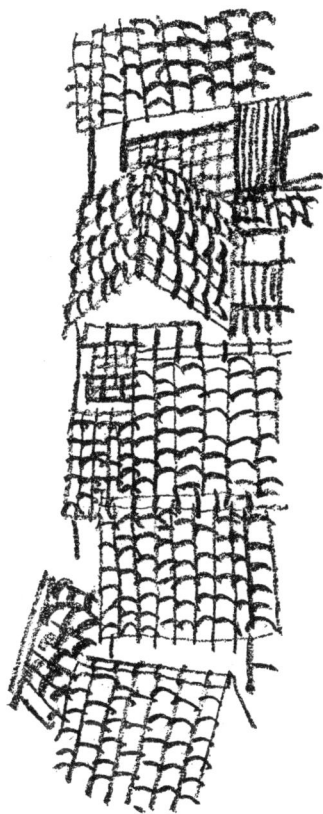

个性，是缺点的魅力。

(《服饰读本》, 1949 年)

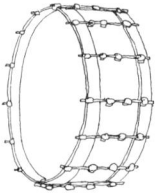

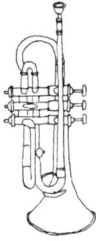

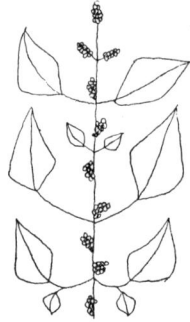
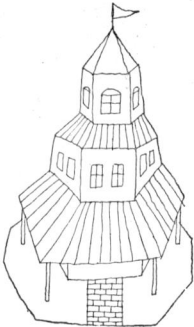

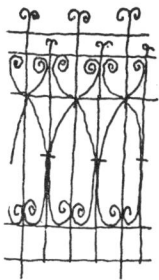

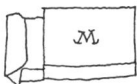

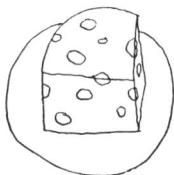

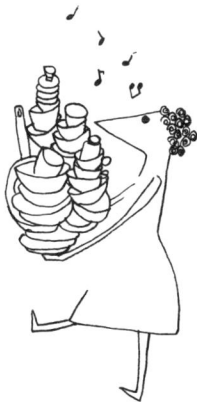

昨天做了，所以今天也要这么做。

别人都那么做了，所以自己也要跟着做。

这样或许轻松，

却缺少了活下去的真正意义。

（《婚礼这件奇妙的事》，《一戈五厘的旗帜》，1966 年）

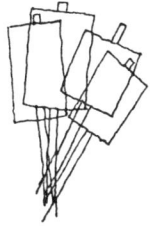
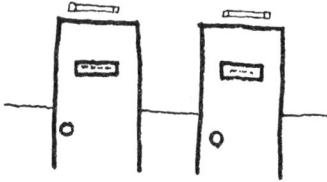

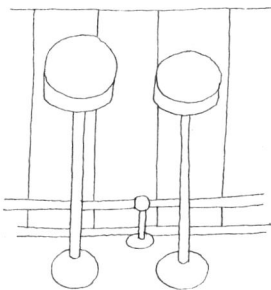

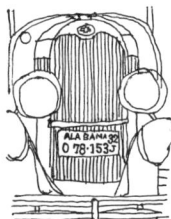

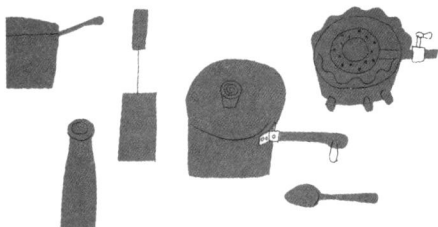

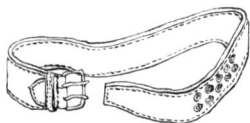

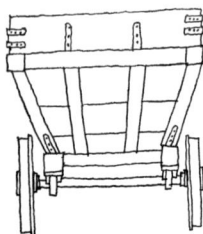

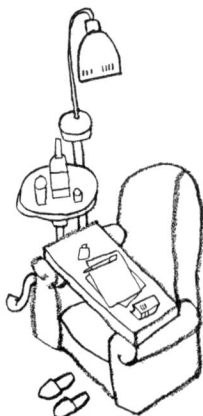

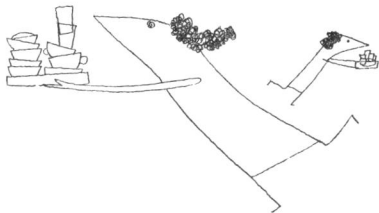
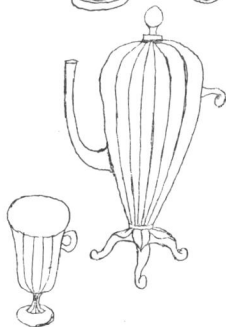

若以为只要朝着向往的方向前进，

前方的大门就会随时为你敞开，

一路上还会铺满玫瑰花瓣、

洒落灿烂阳光的话，

恐怕你会吃尽苦头。

因为世界只会在你的面前，

紧闭上沉重又冰冷的大门。

想打开那扇门，

非得靠自己的双手，让指甲染上斑斑血迹，

用尽全力才能拉开。

除此之外，别无他法。

（《世界不是为了你》,《一戈五厘的旗帜》, 1968 年）

108

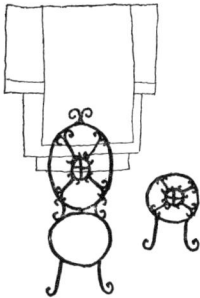

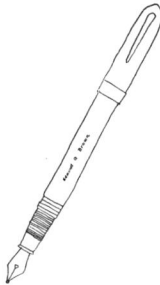

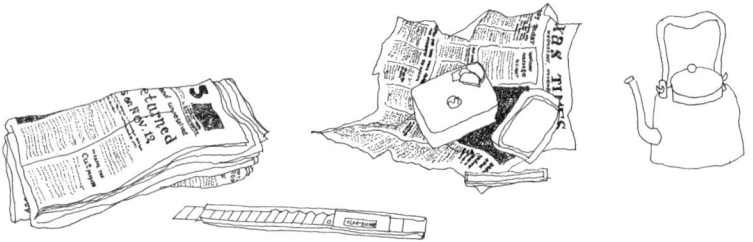

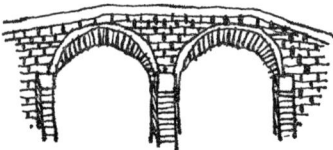

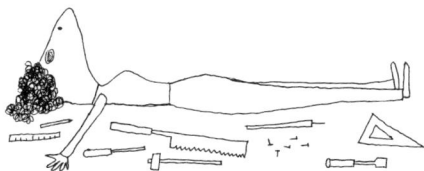

当战况日渐激烈，可能会战败的郁闷思绪慢慢揪紧胸口的时候，我们的心，其实已经失去了欣赏"美丽"事物的那份余裕。比起欣赏熊熊燃烧的火焰般的艳红晚霞，更令人担忧的是那一夜的大空袭不知来自何处。还来不及欣赏皎洁明月，便不禁憎恨今晚刻意的灯火管制已派不上用场。

与其欣赏路边野花的美，不如先拔几株
起来，看看能否果腹。

（《一无所有的那时候》，《一戈五厘的旗帜》，1969 年）

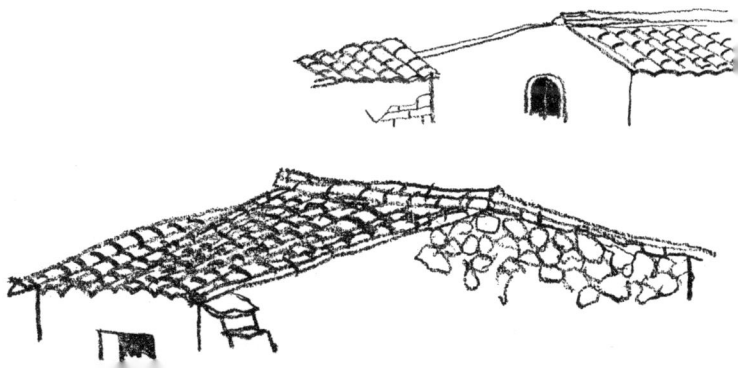

KITCHEN
ENTRANCE

SOFT DRINKS & REFRESHMENT

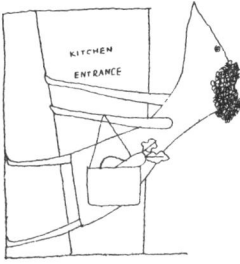

je pense à cette
charmante et si
parisienne étrangère
qui habitait Neuilly
avant la guerre:
tout en traversant
le couloir du Ritz
elle racontait sa
joie profonde, la
joie intense qu'elle
avait eue en
débarquant au Havre

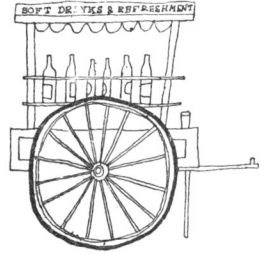

M.J.B

114

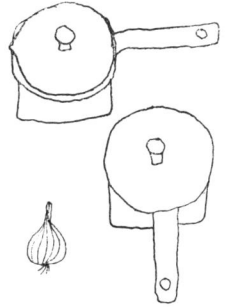

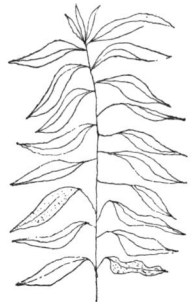

我是编辑，我的手上握着一支笔。

我，不参加示威游行，也不静坐抗议。

因为我的手上握着一支笔。

（《我思我风土》,《朝日新闻》, 1972 年 ）

QULAXI ÑO
TECHO

MCM IV IX

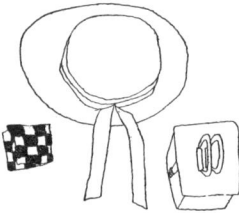
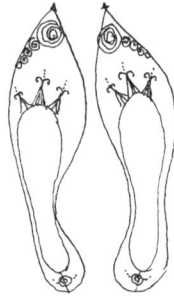

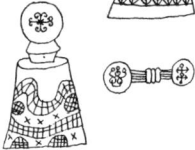

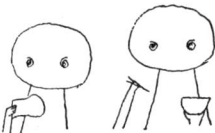

DAN
キケン
GER

BCDEFG LMNOD CO
RSTU

BARBECUE

cauliflower

那是个美丽的夜晚，

任谁，应该都不可能

再次拥有那样的夜晚了。

天空清朗透明，

仿佛一片擦得光亮的玻璃。

空气里飘散着一股香气，

仿佛在烹煮着某种美食。

无论哪一户人家、哪一栋建筑，

都把能打开的电灯全部点亮。

让那闪闪灯光，

镶嵌在一片废墟之上。

昭和二十年八月十五日，

那一夜，

空袭不会再来了。

战争已经，结束了。

仿佛是一场谎言，

总让人觉得非常愚蠢。

一个劲儿地傻笑，眼泪就这样落了下来。

《看呀！我们那一戈五厘的旗帜》，《一戈五厘的旗帜》，1970 年）

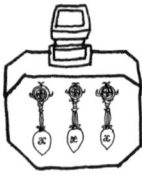

APRON MEMO

MEMO

APRON

APRONMEMO

FLOUR SUGAR SALT TEA

不愿看到人的手艺遭到尘封的原因，坦白说，是不希望人类拥有的各种感受，变得麻木。自己的生活、人与人的联系，以及世间点滴等，都能培养出审美观，告诉我们何谓美，何谓丑。

（《关于人的双手》，《生活手帖》2 世纪 52 号，1978 年）

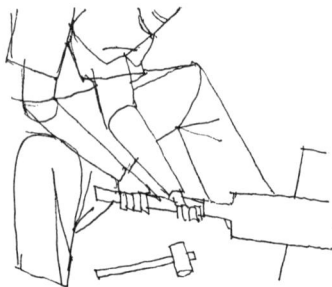

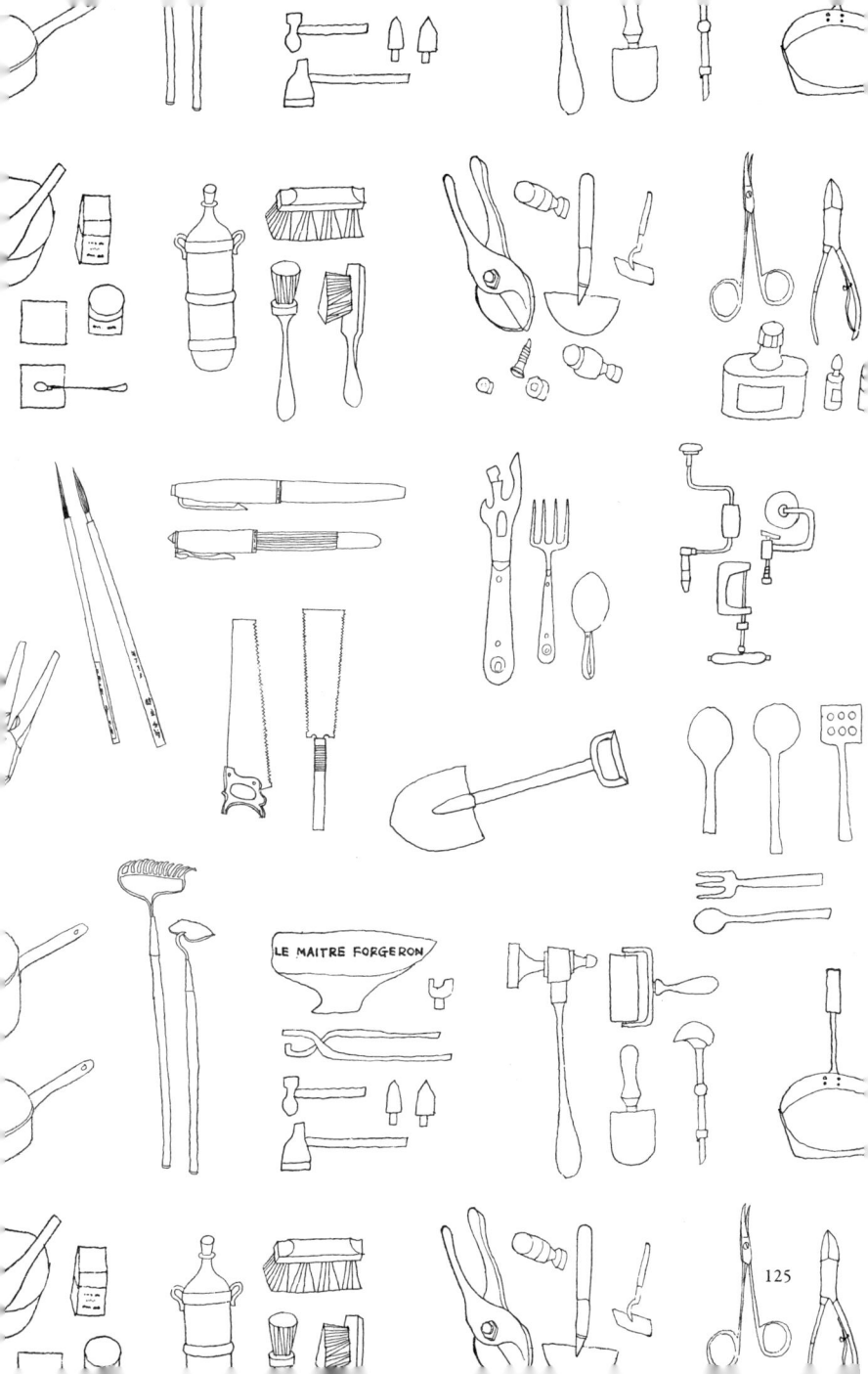

LE MAITRE FORGERON

125

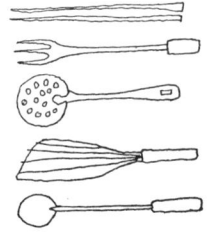
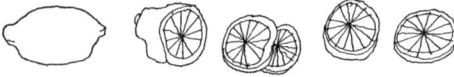

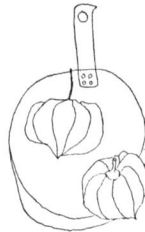

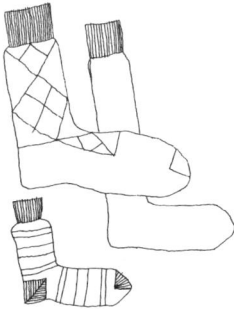

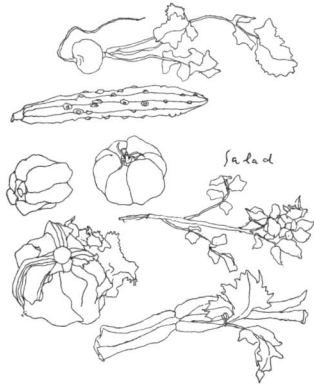

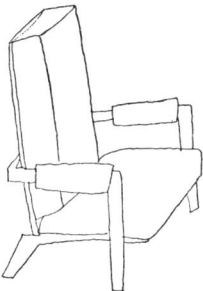

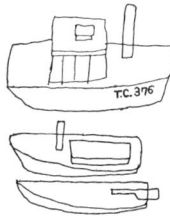

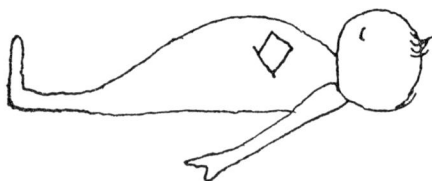

这个世界上，大多数的东西渐渐变得只要买来、就能立刻派上用场。这样确实方便，但是，生活中每样东西都是如此的话，总会让人突然觉得寂寞，仿佛内心某处有道缝隙般感到空虚。这个时候，往往会让人想吃妈妈亲手煮的菜。正因为什么都可以买到现成的，手作的那份温暖，才会格外深刻吧。

（《手作的喜悦》，《生活手帖》1 世纪 67 号，1962 年）

129

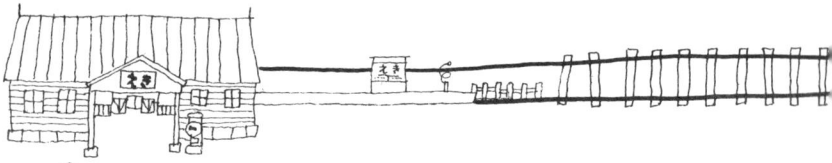

andante

p

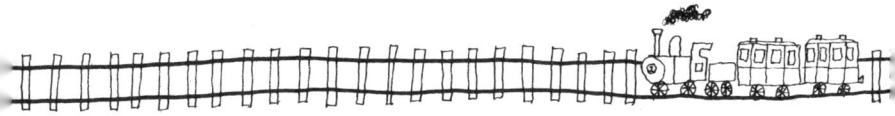

FISH SANDWICH SANDWICH

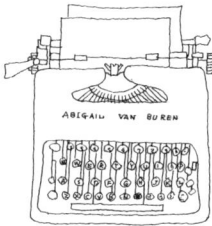 

ABIGAIL VAN BUREN

cresc. ff

你相信，

让一小块布料、一小段丝线、

一小片纸张与木屑，

变得闪亮缤纷的那双手吗？

那双手，就是你的手。

《屋里的乐趣》，《生活手帖》1 世纪 58 号，1961 年）

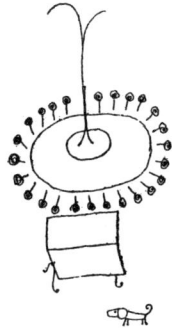

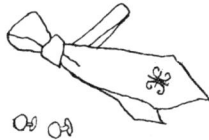

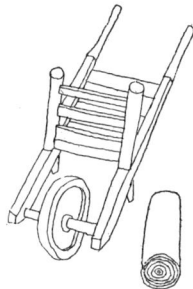

图书在版编目（CIP）数据

那些美丽的事物 / 日本生活手帖社编；何姵仪译
. — 北京：北京日报出版社，2021.12
ISBN 978-7-5477-4037-8

Ⅰ.①那… Ⅱ.①日… ②何… Ⅲ.①生活 - 美学 -
日本 Ⅳ.①B834.3

中国版本图书馆CIP数据核字(2021)第154440号

著作权合同登记图字：01-2021-6550号

「美しいものを（花森安治のちいさな絵と言葉集）」（暮しの手帖編集部）
UTSUKUSHI MONOWO (HANAMORIYASUZI NO CHIISANAE TO KOTOBASYUU)
Copyright © 2017 by Aoi Doi, Kurashi No Techosha
Original Japanese edition published by Kurashi No Techosha Inc., Tokyo, Japan
Simplified Chinese edition published by arrangement with Kurashi No Techosha
through Japan Creative Agency Inc., Tokyo
「花森安治のデザイン」© Aoi Doi, Kurashi No Techosha 2011
图：花森安治（世田谷美术馆藏）
本书译文由悦知文化授权使用

那些美丽的事物

责任编辑：史　琴
助理编辑：秦　姚
作　　者：日本生活手帖社
译　　者：何姵仪
监　　制：黄　利　万　夏
特约编辑：路思维　杨　森
营销支持：曹莉丽
版权支持：王秀荣
装帧设计：紫图装帧
出版发行：北京日报出版社
地　　址：北京市东城区东单三条8-16号东方广场东配楼四层
邮　　编：100005
电　　话：发行部：(010) 65255876
　　　　　总编室：(010) 65252135
印　　刷：艺堂印刷（天津）有限公司
经　　销：各地新华书店
版　　次：2021年12月第1版
　　　　　2021年12月第1次印刷
开　　本：880毫米×1230毫米　1/32
印　　张：4.5
字　　数：50千字
定　　价：69.90元

插图出处 ————————————————————————————

PI（扉页）图书《围裙笔记 2》

P2—3 1 世纪 26 号，《如何在短时间内做出美味料理》，1954 年

P4—5 1 世纪 31 号，《咖啡与红茶》，1955 年

P6—7 上图：1 世纪 32 号，《我家的酒厂》，1955 年；下图：1 世纪 24 号，《COOL 先生的一周》，1954 年

P047、052—054、096—097 1 世纪 27 号，《厨房的图案》，1954 年

P048—049《style book》夏季号，《BLOUSE, I LOVE YOU》原稿，1946 年

P050—051 1 世纪 26 号，《如何在短时间内做出美味料理》，1954 年

P088—089 1 世纪 24 号，《COOL 先生的一周》，1954 年

P091《style book》夏季号，《直线条之美》，1946 年

P092—093《style book》夏季号，《HOME, HOME, SWEET, SWEET HOME》原稿，1946 年

PI01 1 世纪 24 号，《COOL 先生的一周》，1954 年

※ 未标示版权的插画选自生活手帖社《style book》《衣裳》《生活手帖》（1 世纪 1 号—1 世纪 52 号），由花森安治绘制。

· "X 世纪 X 号" 代表《生活手帖》的期数，创刊号至 100 号为 1 世纪，之后的 100 期为 2 世纪，再之后的 100 期为 3
  世纪，以此类推。2022 年 1 月 25 日为止发行至 5 世纪 16 号（合计为 416 期）。

· 花森安治原文使用了旧式汉字与假名，本书在著作权者的理解下，在用语和断行上做出调整。

KURASHI NO TECHO